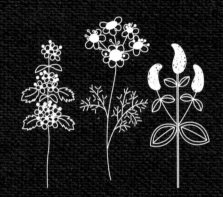

Twinflower

Twinflower

Twinflower

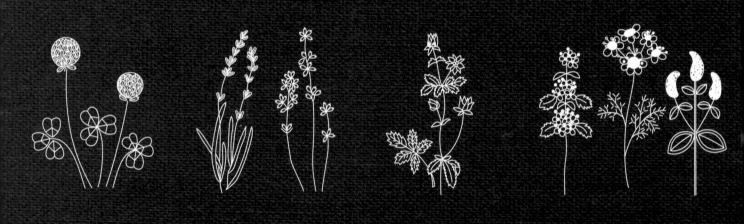

20 堂基本 & 進階技法練習課

刺繡教室

embroidery lesson　西須久子

introduction
序

接受朋友的邀約參觀刺繡作品展，是我接觸刺繡的契機。

在什麼都不清楚的狀況下就進入教室學習，從基礎開始學起。

經過了數十年後的現在，擁有了自己的教室，也和學生一起快樂地刺繡。

基本功非常重要，刺繡方法不止一種，

有時候嘗試以不同的方式刺繡，可以意外繡出漂亮的刺繡圖案。

本書除了介紹刺繡的基本功，也加入了我在刺繡生活中發掘出來的訣竅。

倘若讀者能以基本功為基礎，將適合自己的持針方法、穿線手法，

應用在作品上，肯定是我無與倫比的榮幸。

西須久子

contents

pincushion
針插
刺繡方法 / p.47
圖案・作法 / p.78

惹人憐愛的野花針插。玫瑰花以釦眼繡、菫花以鎖鏈繡、金合歡以法式結粒繡、勿忘草以緞面繡
的針法完成刺繡。進行填滿一整面的刺繡時，下針的方向是關鍵。只要注意到這個小小的細節，
完成的作品便會顯得非常精緻。

sewing case
裁縫工具包

刺繡方法 / p.35
圖案・作法 / p.80

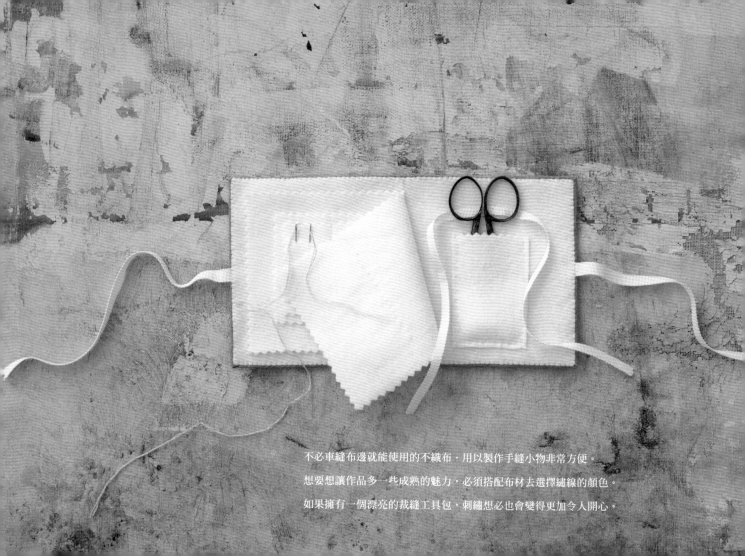

不必車縫布邊就能使用的不織布，用以製作手縫小物非常方便。

想要想讓作品多一些成熟的魅力，必須搭配布材去選擇繡線的顏色。

如果擁有一個漂亮的裁縫工具包，刺繡想必也會變得更加令人開心。

Mallow, Althæ′a; common Mallow, M
Mallow, Lavate′ra; the Yew-tree, Taxu
Fir or Pine-tree, Pinus; but the las
nera are in the classes Dioecia and M
Linnæus.

EDWARD.

I have seen the common Mallow so o
should like to examine it.

MOTHER.

Well then, bring in some of it, and
through the description. You cannot f
with it in the next hedge.

EDWARD.

It looks as if there were two calyx
PLATE 17.]

MOTHER.

It has what is called a double calyx, or
another; and it is the structure of the ou
which is distinctly composed of three le
constitutes the principal character of
Mal′va; Lavate′ra having an outer cup o
with three divisions only (not three separa
and in Althæ′a (of which the Hollyhock i
den is a Chinese species), the divisions
The *inner* cup of the Mal′va is of one lea

PLATE 17.

Malva sylvestris — common Mallow

Class XVI. MONADELPHIA — Order POLYANDRIA

Published April 2, 1807, by Longman & Co

bookmark
書籤

刺繡方法 / p.25
圖案・繡線色號・作法 / p.85

以漂亮的刺繡完成直線，小心翼翼貼上布襯作成書籤。

布料的鎖邊採用需要耐心與毅力的釦眼繡。

但由於貼上布襯的底布非常硬挺，比想像還要容易且快速完成呢！

box
禮盒

刺繡方法 / p.45
圖案・繡線色號・作法 / p.88

即使對裁縫不在行的你，也可以完成很棒的手作禮盒！

不要過度拉伸繡好的刺繡圖案，是貼黏時的重點。

在刺繡布的下方墊一層拼布棉，作出的成品給予人輕柔優雅的印象。

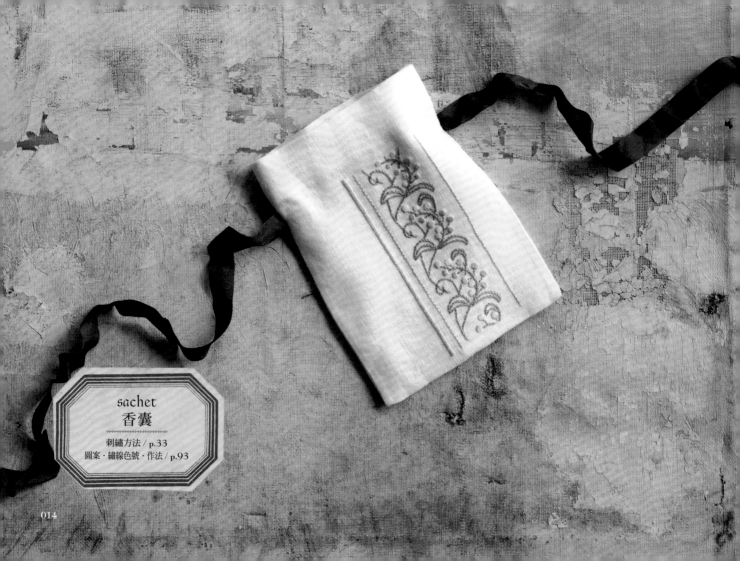

sachet
香囊
++++++++++++++++
刺繡方法 / p.33
圖案・繡線色號・作法 / p.93

將布縫合成袋狀，側邊以釦眼繡作出飾耳，穿過緞帶就可以完成的簡易束口袋。

可以裝入有香味的香草植物作為香囊，或用以收納首飾。

先繡好中央的植物圖案，再繡上直線部分，就可以漂亮又整齊地完成。

materials

刺繡材料

布

本書的作品，採用織目較細的亞麻或純棉布料。束口袋或手帕等必須洗滌的小物，在刺繡前請務必先過水處理。

使用織目較粗的亞麻布，或繃在刺繡框上容易過度拉伸的薄布材時，於背面貼上不織布布襯再開始刺繡，布料會較為硬挺，較方便刺繡作業。

於襪子或T恤等有伸縮彈性的布材上進行刺繡時，可先以布用描圖紙畫好圖案，熨燙後再將描圖紙疏縫在布料上，連同布用描圖紙一起刺繡，完成後再撕下布用描圖紙。

刺繡完成後，以熨斗熨燙前，請先將描繪的圖案線條去除。洗滌時將常溫的水加入少量冷洗精，輕輕搓揉按壓手洗，請勿用力搓揉，務必謹慎、細心地洗滌。

線

刺繡時常用的是25號繡線，「25號」是標示繡線的粗細。本書中所使用的是DMC 25號繡線。繡線的品牌不同，顏色的標示號碼也會有所不同，請將手邊的繡線比照p.61至p.64的色彩比較表，找出相似的色彩，以選用適合的繡線。

使用25號繡線時，是從一整束繡線中拉出需要的股數，剪成50至60cm長進行刺繡。繡線是由6股細線捻合成一束。刺繡時請依照刺繡圖案所標示的「〇股線」，將繡線一股一股抽出，再將需要的股數捻合在一起，穿過針孔使用。

為了方便辨識，將標有品牌名稱、色號的標籤與繡線一起妥善保存吧！

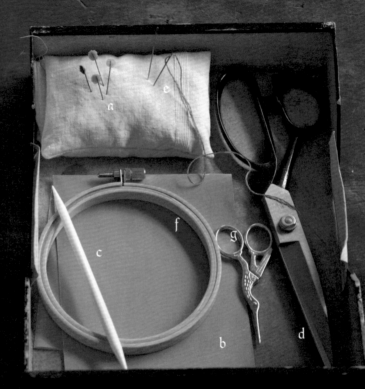

tools

刺繡工具

〈 複寫圖案時所使用的工具 〉

a.珠針（待針）

用於描繪圖案時將描圖紙固定於布料上，以及完成作品前固定布料。

b.手工藝用複寫紙
（+描圖紙、玻璃紙）

用於將描圖紙上所描的圖案複寫於布料上。手工藝品店以「布用複寫紙」的商品名稱販售，刺繡時請選用單面的複寫紙。

＊本書所使用的「消失筆」是手藝用消失筆，以水清洗或經過一段時間筆跡會消失。藍色消失筆比較容易看清楚筆跡，也能消去得很乾淨，所以非常推薦此款。

＊複寫紙與消失筆的線條會因為加熱而不易消去，刺繡完成後，請務必先將圖案線去除乾淨，再進行熨燙。

c.鐵筆

用以描繪手工藝用複寫紙上面的圖案，也可以沒有水的原子筆代替。

〈 準備與完成作品所使用的工具 〉

d.剪刀

剪布時使用，選一把好剪刀能夠事半功倍。

圖案的複寫方法

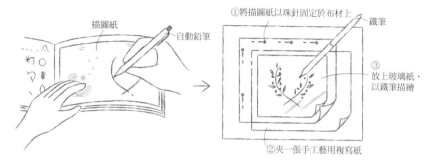

描圖紙　自動鉛筆

①將描圖紙以珠針固定於布材上　鐵筆
③放上玻璃紙，以鐵筆描繪
②夾一張手工藝用複寫紙

〈 刺繡時所使用的工具 〉

e.刺繡針

本書所使用的是可樂牌法式刺繡針。針的粗細可依照繡線的股數多寡選用。市面上有包含各種粗細的盒裝針組，預備一盒也非常方便。相同的針號，也會因為廠牌的不同而有所差異，請細心比較。

f.繡框

刺繡時可以將布撐平，非常方便。將布繃於刺繡框時，如果複寫的圖案過度拉開或者扭曲歪斜，從繡框取下後繡線會皺縮，因此請注意不要將布繃得太緊。如果繡線不小心皺縮了，請在取下刺繡框前從背面以噴霧器輕輕地噴水後自然乾燥。

g.線剪

推薦使用尖端銳利、刀刃較薄的類型。為了使細部的作業可以更流暢，請準備專用的線剪。

lesson 1
outline stitch
蒲公英

以輪廓繡填滿整面　原寸圖案／p.67

使用的繡線
DMC 25號繡線／611・612・725・727・831・973・BLANC
布／駝色亞麻布
針／可樂牌法國刺繡針No.8

1. 以直線反覆刺繡

邊端有空隙時，
補上一針調整。

從左→右進行輪廓繡，
刺繡到邊緣時，將布上
下反轉，同樣由左→右
反覆進行刺繡。

2. 輪廓繡要重疊前一針進行

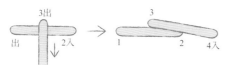

3出

出　2入

3

1　2　4入

將3出的線向下方輕輕拉，1出至2入的線鬆緊
就會恰到好處。

3. 繡弧線時的針目調整

以輪廓繡繡弧線時，和要點2相同，重疊前一針進行，
並以向下弧度的方向刺繡。繡弧線時針目之間容易出
現縫隙，所以針目要細一點。以千鳥繡繡弧線時，外
側的針目則要加大間隔。

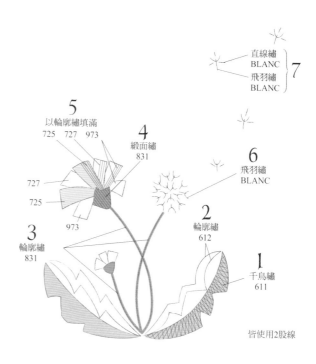

7
直線繡
BLANC
飛羽繡
BLANC

5
以輪廓繡填滿
725　727　973

4
緞面繡
831

6
飛羽繡
BLANC

727

725

973

2
輪廓繡
612

3
輪廓繡
831

1
千鳥繡
611

皆使用2股線

021

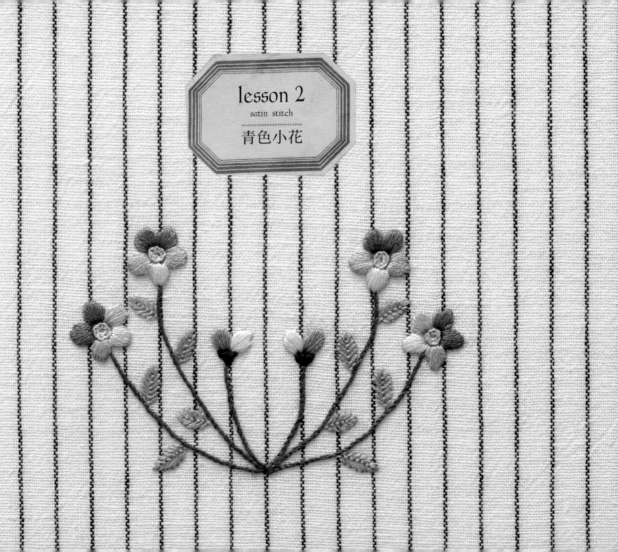

lesson 2
satin stitch

青色小花

以緞面繡填滿小面積　　原寸圖案 / p.68

使用的繡線
DMC 25號繡線 / 747．931．932．3033．3752．3781．3782．3790
布 / 水藍色直條紋亞麻布
針 / 可樂牌法國刺繡針No.8

1. 繡花瓣時，從每一片中心向左右進行刺繡

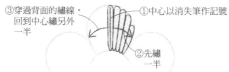

③穿過背面的繡線，
回到中心繡另外
一半

①中心以消失筆作記號

②先繡
一半

2. 花瓣的邊緣繡斜線

邊緣的這一針斜繡，
與隔壁的花瓣空隙就
不會過大。

藏在前一針的下面也ok

3. 直線繡+飛羽繡繡葉子

直線繡

飛羽繡

消失筆

常見的葉子刺繡方法。為了使葉尖看起來更銳利，所以加
入直線繡，再填上短短的飛羽繡。可以消失筆事先畫出中
心線作為參考。

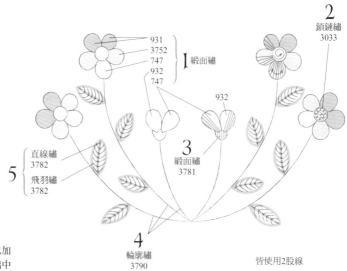

2
鎖鏈繡
3033

931
3752
747
932
747

1 緞面繡

932

3
緞面繡
3781

直線繡
3782
5
飛羽繡
3782

4
輪廓繡
3790

皆使用2股線

lesson 3
buttonhole stitch
提洛刺繡飾帶

圓形的釦眼繡　原寸圖案／p.85

使用的繡線
DMC 25號繡線／BLANC
布／藏青色亞麻布
針／可樂牌法國刺繡針No.8

1. 以消失筆畫出中心線

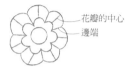

花瓣的中心
邊端

描繪圖案時，布料稍微挪動就會導致圖案
歪斜，因此花瓣的中心線不要太早畫，在
要刺繡的時候以消失筆畫上就好。

2. 刺繡花瓣時勿拘泥

這裡確實地
繡出來

將針目規律地排列在一起刺繡，就會產生邊端針目間
隔過大，內側卻擠在一起的現象。要一邊注意間隔的
平衡，大膽地以稍大的針目刺繡，並將釦眼繡的角度
確實繡出來，就可以表現出疏密有致的刺繡。

3. 雙重雛菊繡的繡法

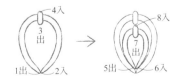

4入
3出
1出　2入

8入
7出
5出　6入

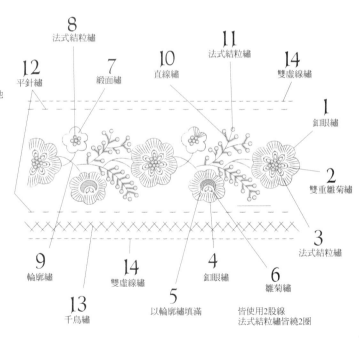

8
法式結粒繡

12
平針繡

7
緞面繡

10
直線繡

11
法式結粒繡

14
雙虛線繡

1
釦眼繡

2
雙重雛菊繡

3
法式結粒繡

9
輪廓繡

14
雙虛線繡

13
千鳥繡

5
以輪廓繡填滿

4
釦眼繡

6
雛菊繡

皆使用2股線
法式結粒繡皆繞2圈

Twin flower

1股線的收針方式　原寸圖案 / p.69

使用的繡線
DMC 25號繡線 / 152・223・224・225・535・3051・3052・3053・3863
布 / 白色亞麻布
針 / 可樂牌法國刺繡針No.8

1. 1股線的收針方式

〈 一般的收針方式 〉

背面的線

刺繡時不以打結的方式收針，而是
在背面最後幾針的繡線上，大約回
針兩次後剪斷繡線收針。

〈 線可能鬆脫的時候 〉

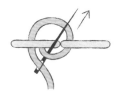

1股線若以一般的方式收針，非常容
易鬆脫，此時先如上圖所示在背面
的線打一個結以後，再進行「一般
的收針方式」，就能防止鬆脫。

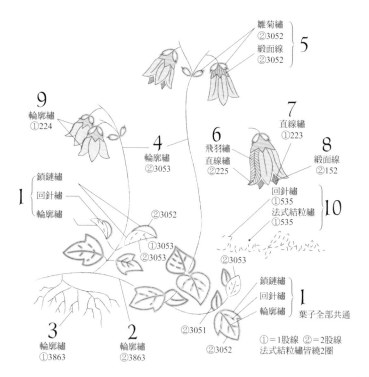

雛菊繡
②3052
緞面線
②3052　5

9
輪廓繡
①224

7
直線繡
①223

6
飛羽繡
直線繡
②225

8
緞面線
②152

4
輪廓繡
②3053

鎖鏈繡
回針繡　1
輪廓繡

②3052

回針繡
①535
法式結粒繡
①535　10

②3053
②3053

②3053

鎖鏈繡
回針繡　1
輪廓繡
葉子全部共通

3
輪廓繡
①3863

2
輪廓繡
②3863

②3051

②3052

①＝1股線　②＝2股線
法式結粒繡皆繞2圈

027

lesson 5
french knot stitch
金合歡

法式結粒繡的正確繡法 原寸圖案 / p.67

使用的繡線
DMC 25號繡線 / 730・935・936・3820・3821・3822・3852
布 / 水藍色精疏棉布
針 / 可樂牌法國刺繡針No.7

1. 使用繡框

法式結粒繡要使用雙手刺繡，所以請一定
要使用繡框。

2. 法式結粒繡的繡法

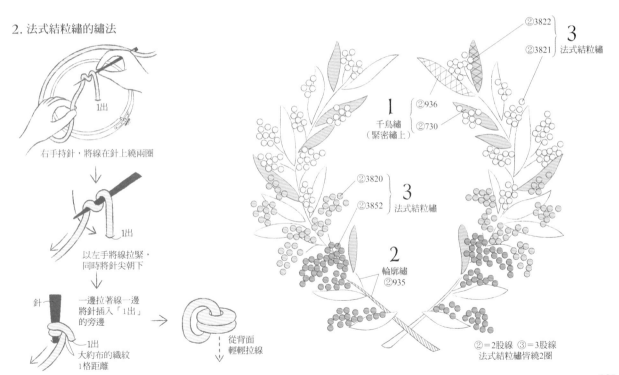

右手持針，將線在針上繞兩圈

1出

以左手將線拉緊，
同時將針尖朝下

針

一邊拉著線一邊
將針插入「1出」
的旁邊

1出
大約布的織紋
1格距離

從背面
輕輕拉線

②3822
②3821
3 法式結粒繡

1
千鳥繡
（緊密繡上）
②936
②730

②3820
②3852
3 法式結粒繡

2
輪廓繡
②935

②＝2股線 ③＝3股線
法式結粒繡背繞2圈

lesson 6
satin stitch
花冠

掌握含芯緞面繡的訣竅　原寸圖案 / p.70

使用的繡線
DMC 25號繡線 / 166．420．518．794．3350．3712．3716．3746．3782．3820
布 / 白色亞麻布
針 / 可樂牌法國刺繡針No.8

1. 含芯緞面繡的繡法

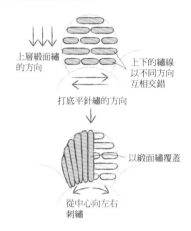

上層緞面繡
的方向

上下的繡線
以不同方向
互相交錯

打底平針繡的方向

以緞面繡覆蓋

從中心向左右
刺繡

2. 小圓形的刺繡方法

繡這裡就會看
起來像橢圓形

這裡重疊刺繡2次
就會看起來像圓形

3. 重新描繪環形

因為刺繡時布可能因拉扯而歪斜，繡好花朵與小圓後以消失
筆將環狀部分重新描過，再繡連結處，成品會更漂亮。

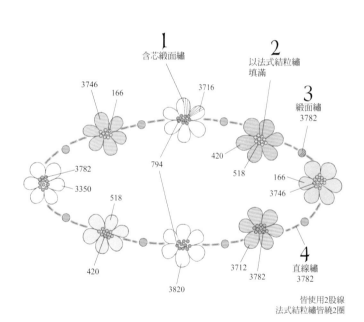

1
含芯緞面繡

2
以法式結粒繡
填滿

3
緞面繡
3782

3746
166
3716

420

518

166
3746

3782
3350

794

518

420

3712
3782

4
直線繡
3782

3820

皆使用2股線
法式結粒繡皆繞2圈

lesson 7

straight line

唐草紋樣

PISTACHE de ter

ARACHIS hypogæa

(4/3 grand. nat.)

a a . Calice pédicelliforme fendu pour laissé voir le

c c . Ovaires s'éloignant des aisselles au moyen d'un stip

vers la terre. d . Un ovaire deja plongé dans la terre,

fruits. N . Fruits mûrs.

032

漂亮地繡出直線　　原寸圖案 / p.93

使用的繡線
DMC 25號繡線 / BLANC
布 / 棕色亞麻布
針 / 可樂牌法國刺繡針No.8

1. 先刺繡植物的花樣

在刺繡花樣時布會被拉扯歪斜，因此花樣刺繡完成以
後，再以消失筆重新畫直線。

2. 直線的緞面繡

進行步驟5的緞面繡時，以刺繡框把布繃緊，不挑
布，將針與布垂直穿進穿出刺繡。

繡直線前，將尖端
較圓的針當成骨筆
使用，沿著圖案作
出壓痕會比較容易
刺繡。

如果繡線鬆弛，將布料拉緊一點，或以針頭將繡線
順一下。

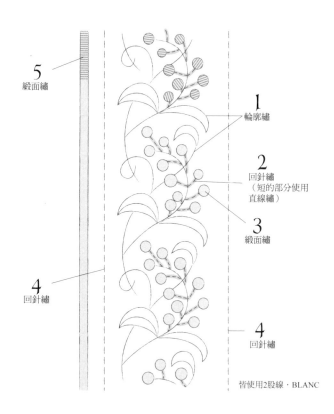

5
緞面繡

1
輪廓繡

2
回針繡
（短的部分使用
直線繡）

3
緞面繡

4
回針繡

4
回針繡

皆使用2股線‧BLANC

033

lesson 8
satin stitch

白詰草

034

以緞面繡繡葉子時的要點　原寸圖案 / p.71

使用的繡線
DMC 25號繡線 / 819・899・3011・3012・3326・3713・ECRU
布 / 粉紅色亞麻布
針 / 可樂牌法國刺繡針No.7

1. 從外側開始向中心刺繡

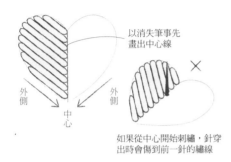

以消失筆事先
畫出中心線

外側　外側　中心

如果從中心開始刺繡，針穿
出時會傷到前一針的繡線

2. 裝飾性的繡線要謹慎處理

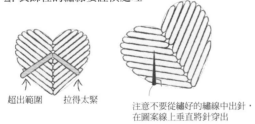

超出範圍　拉得太緊

注意不要從繡好的繡線中出針，
在圖案線上垂直將針穿出

拉線時從背面以手指輕輕地拉，收針時請不要用力
過度。

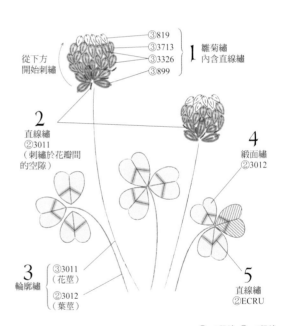

從下方
開始刺繡

③819
③3713
③3326
③899

1 雛菊繡
內含直線繡

2
直線繡
②3011
（刺繡於花瓣間
的空隙）

4
緞面繡
②3012

3
輪廓繡
③3011
（花莖）
②3012
（葉莖）

5
直線繡
②ECRU

②＝2股線　③＝3股線

035

lesson 9
foundation

火花草

圖案的複寫方法・背面繡線的處理方法

原寸圖案 / p.70

使用的繡線
DMC 25號繡線 / 347・931
布 / 白色亞麻布
針 / 可樂牌法國刺繡針No.8

1. 只描繪圖案的外輪廓線

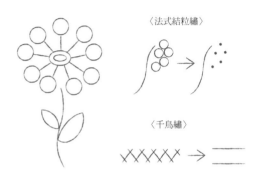

〈法式結粒繡〉

〈千鳥繡〉

只將最低限度的必要線條描繪出來。描繪過多細節，會弄髒布料，也使圖案容易歪斜。

2. 背面繡線的長度，依據布料的顏色及厚度決定

圖案與圖案之間，基本上相隔2cm以內，不收針繼續刺繡是OK的。但白色薄質地的布料，背面繡線容易透到表布外，即使相隔2cm以內，還是作收針處理會比較漂亮。

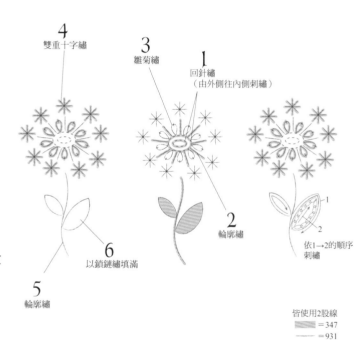

4 雙重十字繡

3 雛菊繡

1 回針繡
（由外側往內側刺繡）

2 輪廓繡

依1→2的順序刺繡

6 以鎖鏈繡填滿

5 輪廓繡

皆使用2股線
▭＝347
── ＝931

lesson 10
long & short stitch

向日葵

長短針繡的練習1　原寸圖案 / p.71

使用的繡線
DMC 25號繡線 / 469．726．727．938．972．973．975．3347．3826
布 / 綠亞麻布
針 / 可樂牌法國刺繡針No.7

1. 從花瓣的尖端開始向根部的方向刺繡

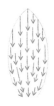

以這個圖案而言，最大的花瓣使用五段的長短針繡刺繡，一片花瓣以一種顏色刺繡，首先別在意太細微的部分，動手繡看看吧！

2. 於前段針目的繡線間出針進行刺繡

針

前段的針目

如此一來會重疊前段的針目。

3. 不必太在意「長、短針交互」的規則，每一段的邊界呈現隨意不規則的線條即可

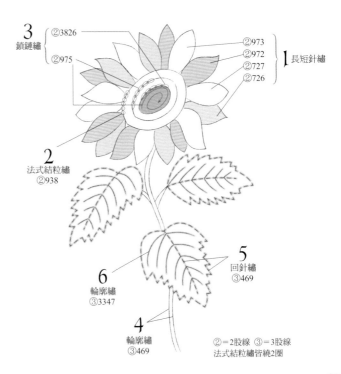

3
鎖鏈繡
②3826
②975

②973
②972
②727
②726

} 長短針繡

2
法式結粒繡
②938

5
回針繡
③469

6
輪廓繡
③3347

4
輪廓繡
③469

②＝2股線　③＝3股線
法式結粒繡皆繞2圈

lesson 11
satin stitch
瑪格麗特

細針緞面繡　原寸圖案 / p.72

使用的繡線
DMC 25號繡線 / 676．677．3011．3012．3013．BLANC
布 / 棕色亞麻布
針 / 可樂牌法國刺繡針　1．2股線＝No.8、3股線＝No.7

1. 花瓣以消失筆預先畫出引導線

引導線

複寫圖案後以消失筆畫出引導線，就可以繡出整齊不歪斜的直線

2. 花瓣以同方向進行刺繡

③　②　①

依照步驟1至3的順序往→的方向刺繡，針刺出時就不會傷到已經繡好的針目。繡最後一片花瓣於左側出針時，注意不要傷到步驟1的針目。

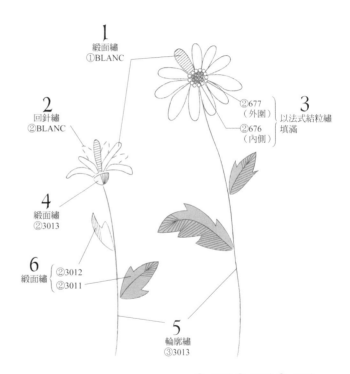

1
緞面繡
①BLANC

2
回針繡
②BLANC

②677
（外圍）

②676
（內側）

3
以法式結粒繡
填滿

4
緞面繡
②3013

6
緞面繡 { ②3012
②3011

5
輪廓繡
③3013

①＝1股線　②＝2股線　③＝3股線
法式結粒繡皆繞2圈

041

lesson 12
couching stitch
五瓣花

以釘線繡繡出複雜的曲線　原寸圖案／p.72

使用的繡線
DMC 25號繡線 / 156・341・370・3031・3747・3853・3854・3855
布 / 白色亞麻布
針 / 可樂牌法國刺繡針No.8

1. 釘線繡間隔約3mm

約3mm

雖然依據圖案不同會
有所變化，但如本圖
案曲線很多的狀況，
間隔約3mm較適當。

2. 固定用繡線的鬆緊調整

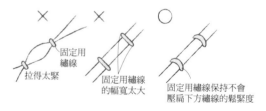

× 固定用
繡線
拉得太緊

× 固定用繡線
的幅寬太大

○ 固定用繡線保持不會
壓扁下方繡線的鬆緊度

3. 以釘線繡繡出角度

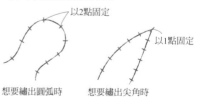

以2點固定

以1點固定

想要繡出圓弧時　　想要繡出尖角時

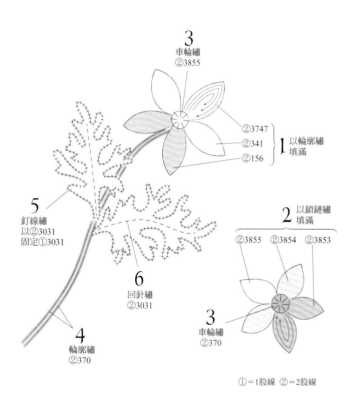

3
車輪繡
②3855

②3747
②341
②156
} 1 以輪廓繡
填滿

2 以鎖鏈繡
填滿
②3855 ②3854 ②3853

5
釘線繡
以②3031
固定①3031

6
回針繡
②3031

4
輪廓繡
②370

3
車輪繡
②370

①＝1股線　②＝2股線

043

長短針繡的練習2　　原寸圖案 / p.73

使用的繡線
DMC 25號繡線 / 347・435・973・3022・3023・3328・3787
布 / 棕色亞麻布
針 / 可樂牌法國刺繡針　1・2股線＝NO.8、3股線＝NO.7

1. 花瓣的刺繡順序

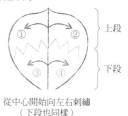

上段

下段

從中心開始向左右刺繡
（下段也同樣）

2. 花瓣的刺繡方向

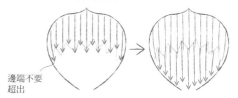

邊端不要
超出

花瓣的上段及下段，都是由上而下進行刺繡。下段會
從上段的繡線間出針並重疊，所以上段的繡線要稍微
超過圖案線。

3. 間隙加入隱針

弧度較大處針目容易出現縫
隙，在縫隙之間如左圖↓加
入隱針（見p.47），就可以完
成漂亮的刺繡。

2
法式結粒繡
②435
②973

1
長短針繡
外側②347
內側①3328

6
緞面繡
②347

緞面繡
②3787

雛菊繡
②3787

5

雛菊繡
②3022
②3023

4

回針繡
③3787

輪廓繡
③3787

3

①＝1股線　②＝2股線　③＝3股線
法式結粒繡皆繞2圈

lesson 14
satin stitch
野花

緞面繡的隱針技法　原寸圖案／p.78

使用的繡線

DMC 25號繡線／玫瑰：356・640・644・3777・3830　含羞草：436・3022・3023
紫羅蘭：3022・3023・3042・3046・3740　勿忘草：320・368・793・794・822・3862

布／白色亞麻布
針／可樂牌法國刺繡針No.7

1. 角度較大的緞面繡

出現縫隙　　　　　從／的繡線下方穿入　隱針

以緞面繡繡葉尖等角度較大的圖案時，容易產生
縫隙，可在已經繡好的針目下方，以隱藏的方式
將縫隙填滿。這樣的「隱針」技巧也可以使用在
長短針繡上，非常方便。

2. 以釦眼繡繡花瓣

花瓣的中心
與隔壁花瓣的交界

以釦眼繡繡花瓣時，以消失筆預先將引導線畫出
來，較容易辨識刺繡的角度。

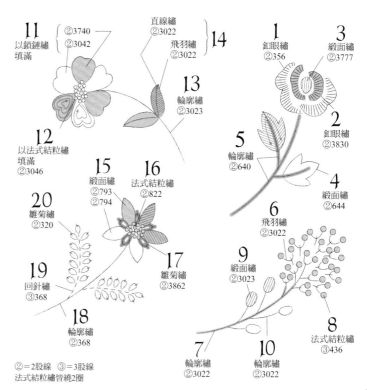

11　以鎖鏈繡填滿　②3740 ②3042

直線繡 ②3022
飛羽繡 ②3022　}14

13　輪廓繡 ②3023

12　以法式結粒繡填滿 ③3046

15　緞面繡 ②793 ②794

16　法式結粒繡 ②822

20　雛菊繡 ②320

19　回針繡 ③368

18　輪廓繡 ②368

17　雛菊繡 ②3862

1　釦眼繡 ②356

3　緞面繡 ②3777

2　釦眼繡 ②3830

5　輪廓繡 ②640

4　緞面繡 ②644

6　飛羽繡 ②3022

9　緞面繡 ②3023

8　法式結粒繡 ③436

7　輪廓繡 ②3022

10　輪廓繡 ②3022

②＝2股線　③＝3股線
法式結粒繡皆繞2圈

Lavender

lesson 15
bullion stitch
薰衣草

捲線繡的訣竅　原寸圖案/p.73

使用的繡線
DMC 25號繡線 / 208．209．368．718．844．917．987．988．989．3607．3608．3609
布 / 白色亞麻布
針 / 可樂牌法國刺繡針No.7、TULIP捲線繡專用針

1. 捲線繡用的針

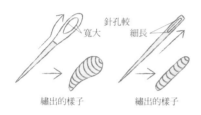

針孔較寬大

針孔較細長

繡出的樣子

繡出的樣子

進行捲線繡時，使用針孔細長的專用針非常便利。
如果手邊沒有，在能穿過需要股數的前提下，儘量
使用細一點的針，可以避免繡出的針目大小不均。

2. 針目的幅寬

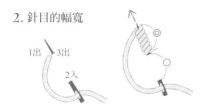

1出　3出

2入

捲線的寬幅（◎），要比1至2的針目（○）部分略
長一些，成品會更漂亮。

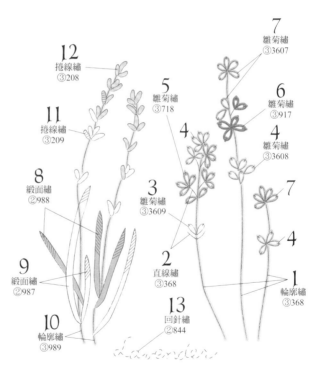

12
捲線繡
③208

11
捲線繡
③209

8
緞面繡
②988

9
緞面繡
②987

10
輪廓繡
③989

7
雛菊繡
③3607

5
雛菊繡
③718

6
雛菊繡
③917

4
雛菊繡
③3608

7

4

3
雛菊繡
③3609

2
直線繡
③368

13
回針繡
②844

1
輪廓繡
③368

lavender

②＝2股線　③＝3股線

marsh
cinquefoil

長短針繡的練習3　原寸圖案 / p.75

使用的繡線
DMC 25號繡線 / 355・535・677・3031・3051・3347・3348・3778・3830
布 / 白色亞麻布
針 / 可樂牌法國刺繡針No.8

1. 以長短針繡繡小片花瓣

兩邊繡成八字形

尖端想要呈現尖銳的效果時，中心的兩邊以八字形
進行刺繡。

2. 右圖9的長短針繡

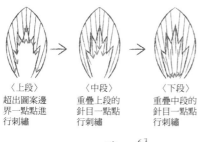

〈上段〉
超出圖案邊
界一點點進
行刺繡

〈中段〉
重疊上段的
針目一點點
行刺繡

〈下段〉
重疊中段的
針目一點點
行刺繡

3. 文字的回針繡

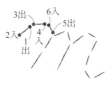

3出　　6入
2入　　4　5出
　　1
　　入
1
出

以回針繡繡文字等轉彎處
多的圖案時，以較小的針
目進行才能繡出流暢的線
條。

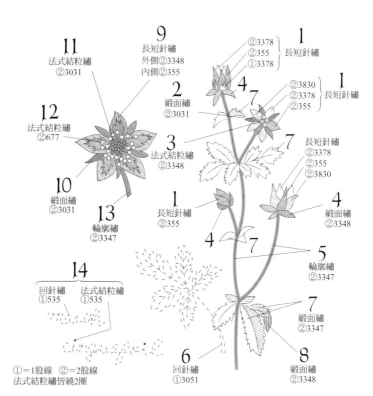

11
法式結粒繡
②3031

9
長短針繡
外側②3348
內側②355

②3378
②355　長短針繡
①3378　

1

②3830
②3378　長短針繡
②355　

1

4
7

2
緞面繡
②3031

3
法式結粒繡
②3348

7

長短針繡
②3378
②355
②3830

12
法式結粒繡
②677

10
緞面繡
②3031

13
輪廓繡
②3347

1
長短針繡
②355

4
7

4

緞面繡
②3348

5
輪廓繡
②3347

7
緞面繡
②3347

14
回針繡　法式結粒繡
①535　　①535

6
回針繡
①3051

8
緞面繡
②3348

①=1股線　②=2股線
法式結粒繡皆繞2圈

051

lesson 17
satin stitch
花圈

以緞面繡繡尖銳的葉子　原寸圖案／p.74

使用的繡線
DMC 25號繡線／322・452・798・809・3011・3012・BLANC
布／深藍亞麻布
針／可樂牌法國刺繡針No.7

1. 刺繡的方向左右對稱

葉片的刺繡方向以莖為中心左右對稱，看起來較為
自然。

2. 有弧度的部分加入隱針

弧度較大的部分難免會產生
縫隙，此時不要勉強填滿，
待全部刺繡完成後，再以隱
針的方式將縫隙補上即可。

3. 使花萼與花瓣緊靠一起

在花萼緞面繡的
邊緣，重疊部分繡上
花瓣的鎖鏈繡，看起來
較有連續性，會更加漂亮。

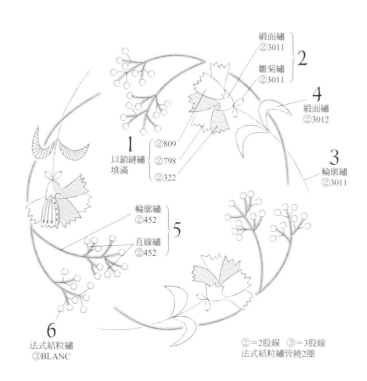

緞面繡
②3011
雛菊繡
②3011
}2

4
緞面繡
②3012

1
以鎖鏈繡
填滿
{②809
②798
②322

3
輪廓繡
②3011

輪廓繡
②452
}5
直線繡
②452

6
法式結粒繡
③BLANC

②＝2股線　③＝3股線
法式結粒繡皆繞2圈

053

lesson 18
long & short stitch
紫雲英

purple
milk-vetch

密集地填滿整面　原寸圖案 / p.75

使用的繡線
DMC 25號繡線 / 153．535．552．553．554．869．937．987．988．989
布 / 白色亞麻布
針 / 可樂牌法國刺繡針　1．2股線＝NO.8、3．4股線＝NO.6

1. 從下方後側的花瓣開始刺繡

 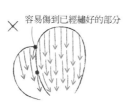

容易傷到已經繡好的部分

〈刺繡順序〉

花瓣的刺繡順序，是從靠近花莖、後側的的花瓣開始繡往前側花瓣。若從前側花瓣開始刺繡，會如上方「×」的圖片般，將針從布面穿出時傷到已經繡好的部分。

2. 填補空隙的雛菊繡大小不拘會較為自然

直線繡

改變雛菊繡的大小或是直線繡的長短，便可繡出形似真花的自然姿態。

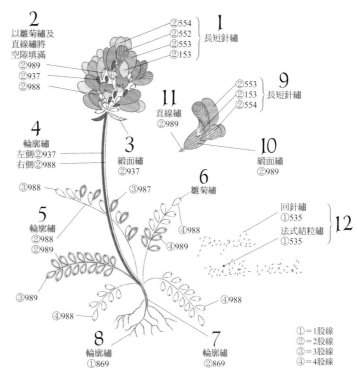

2
以雛菊繡及
直線繡將
空隙填滿
②989
②937
②988

1
②554
②552
②553
②153
長短針繡

9
②553
②153
②554
長短針繡

11
直線繡
②989

4
輪廓繡
左側②937
右側②988

3
緞面繡
②937

10
緞面繡
②989

③988

③987

6
雛菊繡

12
回針繡
①535
法式結粒繡
①535

④988
④989

5
輪廓繡
②988
②989

③989

④988

④988

8
輪廓繡
①869

7
輪廓繡
②869

①＝1股線
②＝2股線
③＝3股線
④＝4股線

lesson 19
colors
香草

Herb

考量色彩的平衡　原寸圖案 / p.76

使用的繡線
DMC 25號繡線 / 164・470・471・472・712・760・761・818・819・844・961
962・963・987・988・989・3346・3347・3348・3688・3689・3713・3716・3866

布 / 白色亞麻布
針 / 可樂牌法國刺繡針　1・2股線＝NO.8、3股線＝NO.7

1. 右側的花

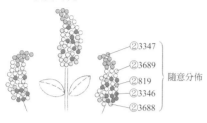

②3347
②3689　隨意分佈
②819
②3346
②3688

2. 中央的花

隨意分佈

②3713　②989　②760　②761

3866
712

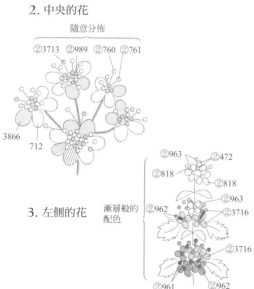

3. 左側的花

②963
②818

②472
②818

漸層般的
配色

②963
②3716

②962
②3716

②961
②962

14
直線繡
（色號請參照左圖）

13
法式結粒繡
（色號請參照左圖）

17
緞面繡
②471

16
緞面繡
②470

15
輪廓繡
③471
③470

5
緞面繡
②712
②3866

11
直線繡
②987

12
緞面繡
（色號請
參考左圖）

18
回針繡 ②844

7
法式結粒繡
（色號請參照左圖）

8
輪廓繡
③988

10
輪廓繡
②988

6
直線繡
①164

9
輪廓繡
②988

1
法式結粒繡
（色號請參照左圖）

4
回針繡
②3346

3
鎖鏈繡
②3347

4
回針繡
③3346

2
輪廓繡
將①3347+②334
合成2股刺繡

①＝1股線　②＝2股線　③＝3股線
法式結粒繡皆繞2圈

057

lesson 20
leaves

葉子

葉子的繡法　　原寸圖案 / p.77

使用的繡線
DMC 25號繡線 / 347・640・646・988・3346・3348・3363・3820・3822
布 / 白色亞麻布
針 / 可樂牌法國刺繡針　2股線＝NO.8、4股線＝NO.6

1. 雛菊繡內含直線繡的葉子

6入　　4入
5出　　3出
　　3入
1出
　2入

以1至6的順序一片一
片完成

2. 鎖鏈繡的葉子

轉角處先中斷鎖鏈繡，
下一針從中斷處的
針目中出針

從外圍輪廓開始來回往內刺繡

3. 魚骨繡與葉形繡

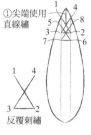

①尖端使用
直線繡

〈魚骨繡〉
從葉尖開始刺繡

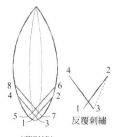

〈葉形繡〉
從根部開始刺繡

反覆刺繡

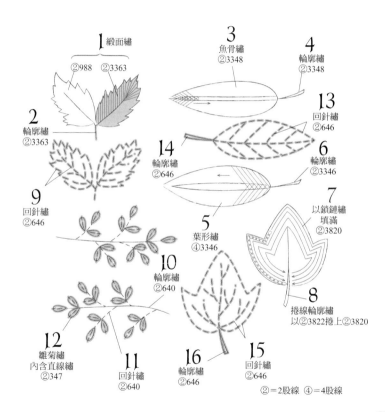

1 緞面繡
②988　②3363

2 輪廓繡
②3363

3 魚骨繡
②3348

4 輪廓繡
②3348

13 回針繡
②646

14 輪廓繡
②646

6 輪廓繡
②3346

7 以鎖鏈繡
填滿
②3820

5 葉形繡
④3346

9 回針繡
②646

10 輪廓繡
②640

8 捲線輪廓繡
以②3822捲上②3820

12 雛菊繡
內含直線繡
②347

11 回針繡
②640

16 輪廓繡
②646

15 回針繡
②646

②＝2股線　④＝4股線

color sampler

DMC 25號
繡線色號表

DMC的繡線色號起初最多至300號。

後來色號漸漸增加，如今已有這麼廣泛又豐富的色彩。

本書整理成容易查詢的色號表，依照號碼順序排列。

new color

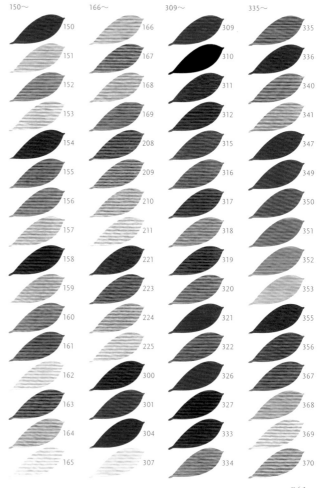

01	13	25
02	14	26
03	15	27
04	16	28
05	17	29
06	18	30
07	19	31
08	20	32
09	21	33
10	22	34
11	23	35
12	24	※2017年發售

150〜	166〜	309〜	335〜
150	166	309	335
151	167	310	336
152	168	311	340
153	169	312	341
154	208	315	347
155	209	316	349
156	210	317	350
157	211	318	351
158	221	319	352
159	223	320	353
160	224	321	355
161	225	322	356
162	300	326	367
163	301	327	368
164	304	333	369
165	307	334	370

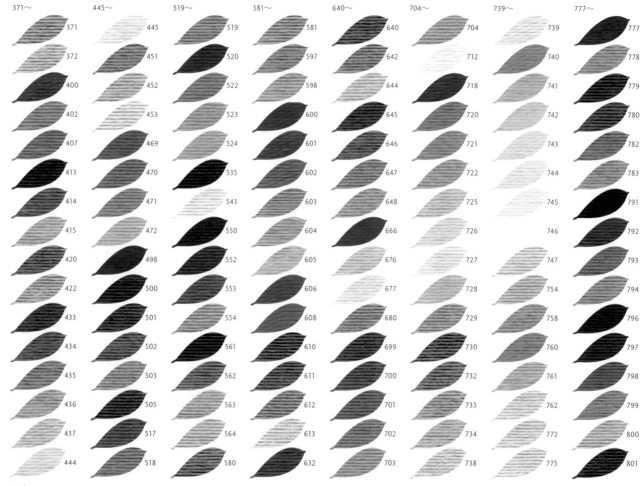

371~
371
372
400
402
407
413
414
415
420
422
433
434
435
436
437
444

445~
445
451
452
453
469
470
471
472
498
500
501
502
503
505
517
518

519~
519
520
522
523
524
535
543
550
552
553
554
561
562
563
564
580

581~
581
597
598
600
601
602
603
604
605
606
608
610
611
612
613
632

640~
640
642
644
645
646
647
648
666
676
677
680
699
700
701
702
703

704~
704
712
718
720
721
722
725
726
727
728
729
730
732
733
734
738

739~
739
740
741
742
743
744
745
746
747
754
758
760
761
762
772
775

777~
777
778
779
780
782
783
791
792
793
794
796
797
798
799
800
801

803~	827~	891~	912~	934~	957~	987~	3032~
803	827	891	912	934	957	987	3032
807	828	892	913	935	958	988	3033
809	829	893	915	936	959	989	3041
813	830	894	917	937	961	991	3042
814	831	895	918	938	962	992	3045
815	832	898	919	939	963	993	3046
816	833	899	920	943	964	995	3047
817	834	900	921	945	966	996	3051
818	838	902	922	946	967	3011	3052
819	839	904	924	947	970	3012	3053
820	840	905	926	948	972	3013	3064
822	841	906	927	950	973	3021	3072
823	842	907	928	951	975	3022	3078
824	844	909	930	954	976	3023	3325
825	869	910	931	955	977	3024	3326
826	890	911	932	956	986	3031	3328

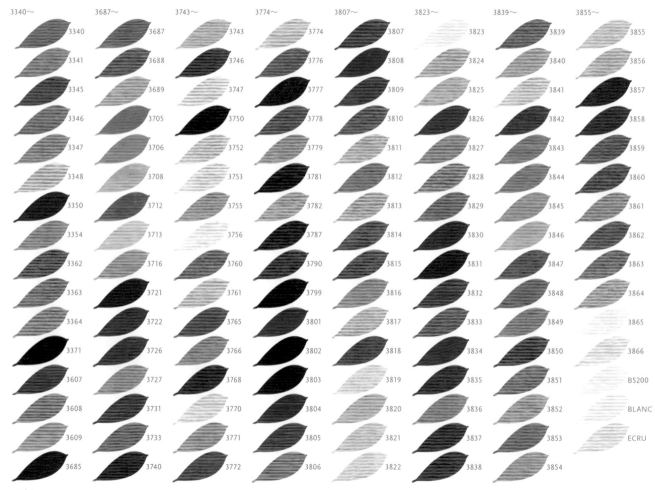

3340~	3687~	3743~	3774~	3807~	3823~	3839~	3855~
3340	3687	3743	3774	3807	3823	3839	3855
3341	3688	3746	3776	3808	3824	3840	3856
3345	3689	3747	3777	3809	3825	3841	3857
3346	3705	3750	3778	3810	3826	3842	3858
3347	3706	3752	3779	3811	3827	3843	3859
3348	3708	3753	3781	3812	3828	3844	3860
3350	3712	3755	3782	3813	3829	3845	3861
3354	3713	3756	3787	3814	3830	3846	3862
3362	3716	3760	3790	3815	3831	3847	3863
3363	3721	3761	3799	3816	3832	3848	3864
3364	3722	3765	3801	3817	3833	3849	3865
3371	3726	3766	3802	3818	3834	3850	3866
3607	3727	3768	3803	3819	3835	3851	B5200
3608	3731	3770	3804	3820	3836	3852	BLANC
3609	3733	3771	3805	3821	3837	3853	ECRU
3685	3740	3772	3806	3822	3838	3854	

〈 本書所使用的刺繡針法 〉

直線繡
Straight Stitch

飛羽繡
Fly Stitch

回針繡
Back Stitch

平針繡
Running Stitch

釘線繡
Couching Stitch

輪廓繡
Outline Stitch

捲線輪廓繡

釘眼繡
Buttonhole Stitch

雛菊繡
Lazy Daisy Stitch

鎖鏈繡
Chain Stitch

雙重十字繡
Double Cross Stitch

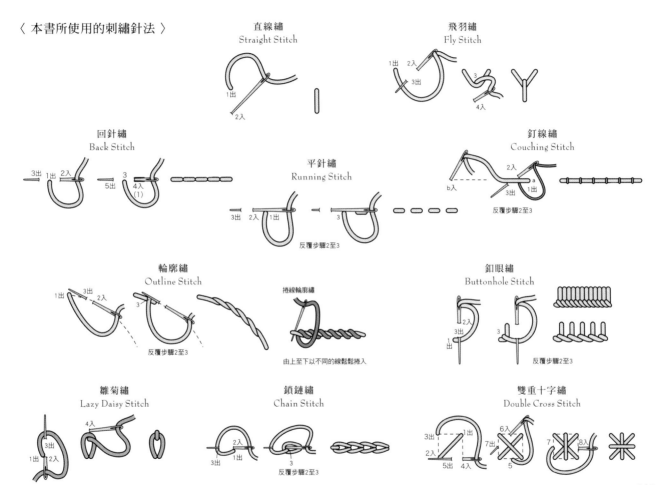

反覆步驟2至3

由上至下以不同的線鬆鬆捲入

反覆步驟2至3

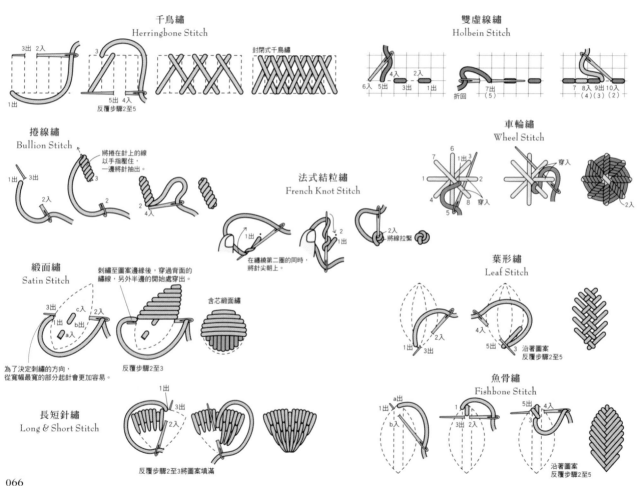

千鳥繡
Herringbone Stitch

3出　2入

1出

3

5入　4入
反覆步驟2至5

封閉式千鳥繡

雙虛線繡
Holbein Stitch

4入　2入
6入　5出　3出　1出

折回

7出
（5）

7　8入　9入　10入
（4）（3）（2）

捲線繡
Bullion Stitch

將捲在針上的線
以手指壓住，
一邊將針抽出。

1出　3出

3

2入

2

車輪繡
Wheel Stitch

6
1出 3入
7
1
5
4入
8　穿入
穿入

2入

法式結粒繡
French Knot Stitch

1出

2入
1出

2入
將線拉緊

在繡線第二圈的同時，
將針尖朝上。

葉形繡
Leaf Stitch

2入
1出　3出

4入
5出　3
沿著圖案
反覆步驟2至5

緞面繡
Satin Stitch

3出
c入　2入
1出
b出
a入

含芯緞面繡

反覆步驟2至3

為了決定刺繡的方向，
從寬幅最寬的部分起針會更加容易。

刺繡至圖案邊緣後，穿過背面的
繡線，另外半邊的開始處穿出。

魚骨繡
Fishbone Stitch

a出
1出
b入

1
3出　2入

5出　4入
3
沿著圖案
反覆步驟2至5

長短針繡
Long & Short Stitch

1出
3出
2入

反覆步驟2至3將圖案填滿

p.20

lesson 1

蒲公英

p.28

lesson 5

金合歡

lesson 2

青色小花

lesson 4

北極花

Twinflower

p.30
lesson 6
花冠

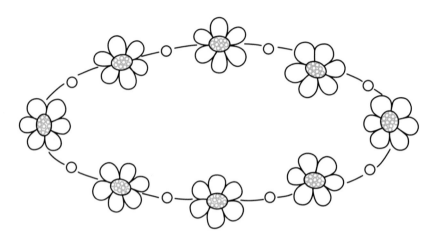

p.36
lesson 9
火花草

lesson 8

白詰草

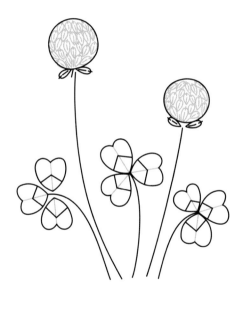

lesson 10

向日葵

p.40

lesson 11

瑪格麗特

p.42

lesson 12

五瓣花

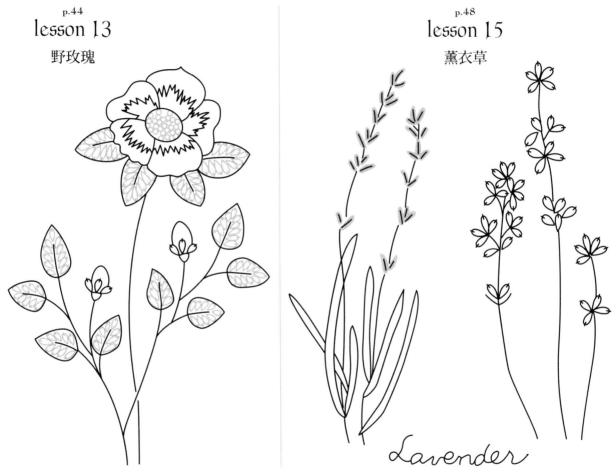

p.44
lesson 13

野玫瑰

p.48
lesson 15

薰衣草

Lavender

p.52

lesson 17

花圈

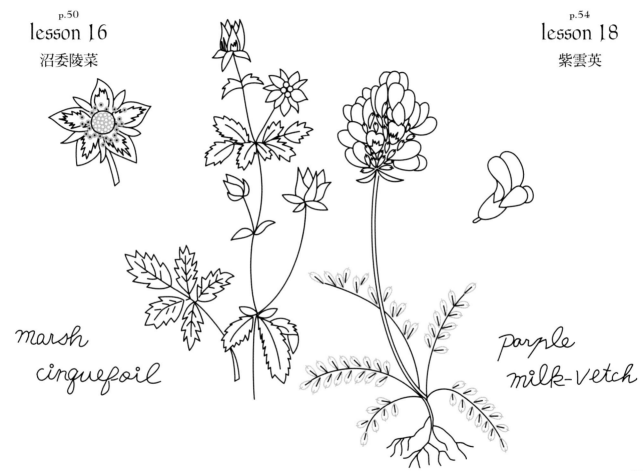

p.50

lesson 16

沼委陵菜

marsh
cinquefoil

p.54

lesson 18

紫雲英

purple
milk-vetch

Herb

lesson 20

葉子

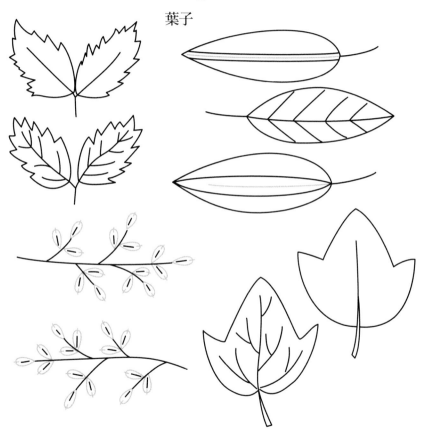

p.46
lesson 14

野花

刺繡方法 · 色號請參照 p.47

材料（1個分）

白色亞麻布10×20cm
棉花適量

作法

1. 於本體的亞麻布上進行刺繡。兩片本體布
   正面相對疊合後，預留返口縫合。
2. 翻回正面後塞入棉花。
3. 返口以藏針縫縫合即完成。

完成尺寸

8×5.5cm

本體（2片）

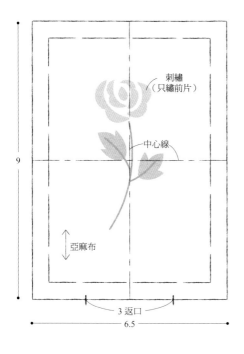

刺繡
（只繡前片）

中心線

亞麻布

9

3 返口

6.5

1 進行刺繡，將兩片布正面相對
疊合，縫合四周。

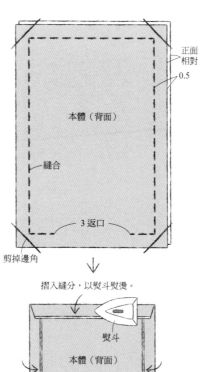

正面
相對

0.5

本體（背面）

縫合

3 返口

剪掉邊角

摺入縫分，以熨斗熨燙。

熨斗

本體（背面）

2 翻回正面，塞入棉花。

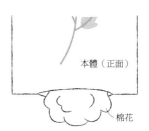

本體（正面）

棉花

完成圖

8

縫合返口

5.5

p.8
sewing case

裁縫工具包

刺繡方法請參照 p.35

材料
綠亞麻布15×25cm
白色不織布40×40cm1片
布襯11×21cm
寬0.7cm的羅紋緞帶40cm
寬0.5cm的羅紋緞帶35cm

作法
1. 於本體的亞麻布上進行刺繡。貼上裁好的
   布襯，將縫分向內側摺入，縫合固定緞
   帶。
2. 裁剪不織布，於b、c、d的四邊以鋸齒剪
   刀剪裁。於b上重疊c與d後縫合。
3. e的上緣以鋸齒剪刀剪裁後，重疊於a，縫
   合脇邊與底部製作口袋。於上方1cm處將
   緞帶對齊中心縫合固定。
4. 於步驟3上重疊步驟2，並縫合中心線。
5. 將步驟1與步驟4 背面相對疊合，縫合四
   周即完成。

完成尺寸 11×10.5cm

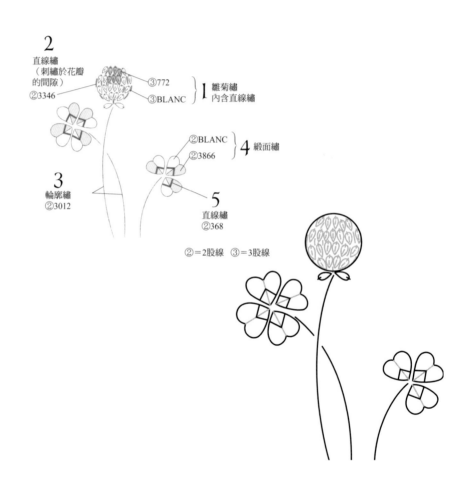

2
直線繡
（刺繡於花瓣
的間隙）
②3346
③772
③BLANC
}1 雛菊繡
內含直線繡

②BLANC
③3866
}4 緞面繡

3
輪廓繡
②3012

5
直線繡
②368

②＝2股線　③＝3股線

本體

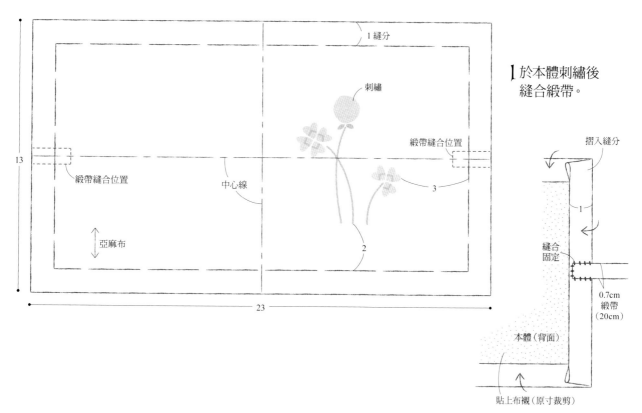

1縫分

刺繡

緞帶縫合位置

緞帶縫合位置

中心線

3

亞麻布

2

13

23

1 於本體刺繡後
縫合緞帶。

摺入縫分

1

縫合
固定

0.7cm
緞帶
(20cm)

本體(背面)

貼上布襯(原寸裁剪)

裁布圖

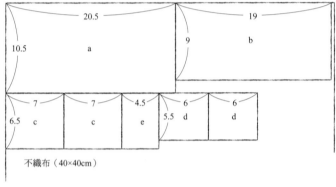

20.5

10.5　　a

9　　b　19

7　7　4.5　6　6

6.5　c　c　e　5.5　d　d

不織布（40×40cm）

2 將c、d重疊於b，縫合。

b、c、d的四邊
以鋸齒剪刀修剪

d

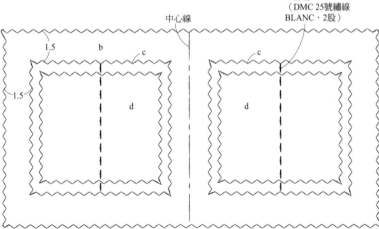

中心線

1.5　b　c

1.5

d

平針繡
（DMC 25號繡線
BLANC・2股）

c

d

3 將緞帶的中心縫合固定。

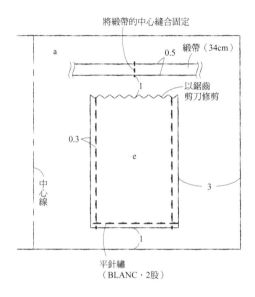

將緞帶的中心縫合固定

緞帶（34cm）

0.5

a

1

以鋸齒剪刀修剪

0.3

e

3

1

中心線

平針繡
（BLANC・2股）

4 將b重疊於a，縫合中心。

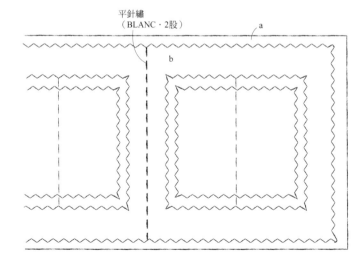

平針繡
（BLANC・2股）

a

b

5 本體與內側縫合。

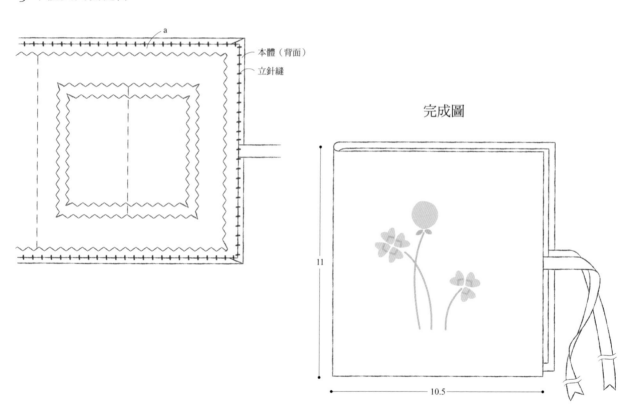

a

本體（背面）

立針縫

完成圖

11

10.5

p.10
bookmark

書籤

p.24
lesson 3

提洛刺繡飾帶

刺繡方法・提洛刺繡飾帶的色號請參照 p.25

材料

白色亞麻布20×20cm

雙膠襯13×7cm

寬0.5cm的緞帶10cm

作法

1. 於前片的亞麻布正面進行刺繡。背面貼上雙膠襯，與後片的亞麻布對齊貼合。
2. 於步驟1的四周圍進行釦眼繡。
3. 於上方以針眼繡（eyelet stitch）製作穿緞帶的孔洞。
4. 將緞帶對摺＆穿入洞口，再將緞帶的兩端一起穿入對摺後形成的環中。

完成尺寸

13×6.5cm（不包含緞帶）

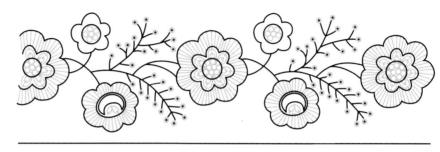

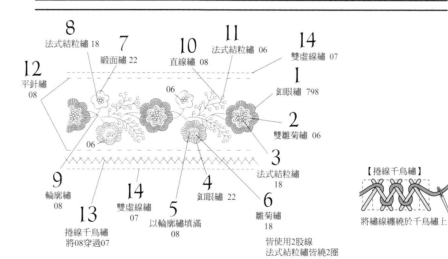

8
法式結粒繡 18

7
緞面繡 22

10
直線繡 08

11
法式結粒繡 06

14
雙虛線繡 07

12
平針繡
08

06

1
釦眼繡 798

2
雙雛菊繡 06

3
法式結粒繡
18

9
輪廓繡
08

14
雙虛線繡
07

5
以輪廓繡填滿
08

4
釦眼繡 22

6
雛菊繡
18

13
捲線千鳥繡
將08穿過07

06

皆使用2股線
法式結粒繡皆繞2圈

【捲線千鳥繡】

將繡線纏繞於千鳥繡上

085

前片（後片同尺寸）

針眼繡

1.3 ●─0.8

刺繡
（只繡前片）

13

亞麻布

● 6.5 ●

1 於前片正面進行刺繡，
與後片對齊貼合。

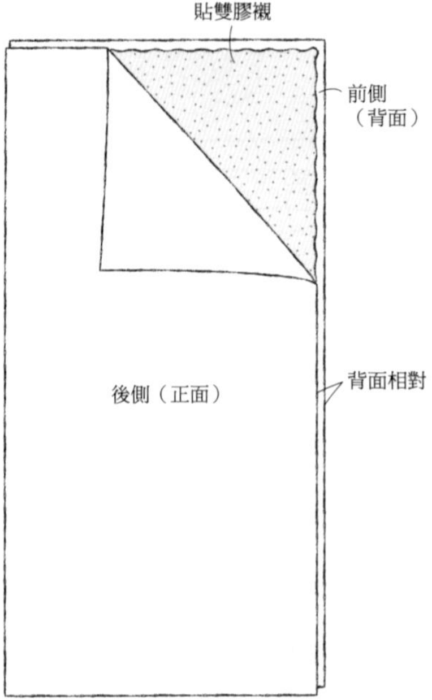

貼雙膠襯

前側
（背面）

後側（正面）

背面相對

2 四周以釦眼繡
進行刺繡。

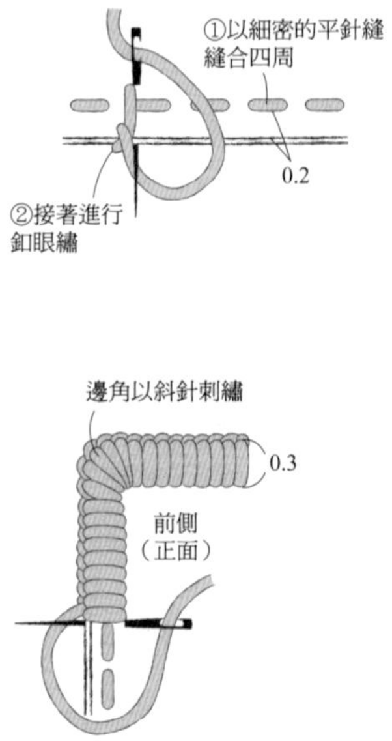

①以細密的平針縫
縫合四周

0.2

②接著進行
釦眼繡

邊角以斜針刺繡

0.3

前側
（正面）

3 進行針眼繡。

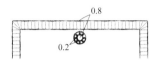

0.8

0.2

4 穿入緞帶。

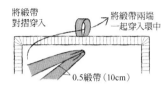

將緞帶
對摺穿入

將緞帶兩端
一起穿入環中

0.5緞帶（10cm）

完成圖

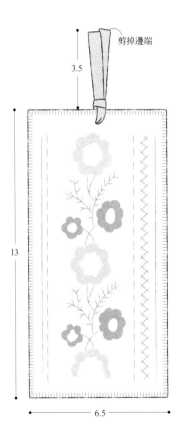

剪掉邊端

3.5

13

6.5

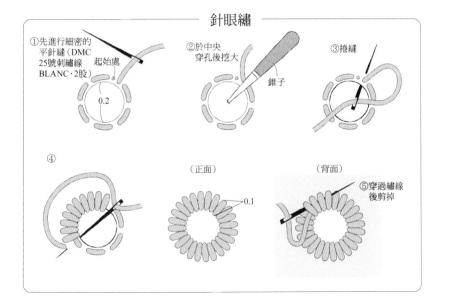

針眼繡

①先進行細密的
平針縫（DMC
25號刺繡線
BLANC・2股）

起始處

0.2

②於中央
穿孔後挖大

錐子

③捲縫

④

（正面）

0.1

（背面）

⑤穿過繡線
後剪掉

p.12

box 禮盒

刺繡方法請參照 p.45

材料

格紋亞麻布30×30 cm，綠亞麻布110×20cm
鋪棉13×13cm
厚紙板（厚2mm）
　[1片]11.8×11.8cm，12.6×12.6cm
　[2片]12.2×6.5cm，11.8×6.5cm，13×2.2cm，
12.6×2.2cm
製圖紙
　[1片]12.5×12.5cm　[2片]11.7×11.7cm
　[4片]11.7×6cm
防水膠帶、白膠、雙面膠適量

作法

1. 參考右圖裁剪厚紙板、製圖紙與布料。厚紙板
組合後貼上防水膠帶，製作成本體與盒蓋。
2. 本體側面貼上布料，邊緣部分（縫分）塗膠於
底部與內側黏貼。
3. 將內側用布料分別貼上製圖紙，依內底、側面
內側、外底的順序貼合，完成盒子本體。
4. 於盒蓋用的亞麻布上進行刺繡。鋪棉以雙面膠
帶貼黏於盒蓋上，於盒蓋側面上膠黏貼刺繡
布，並剪掉多餘部分。邊緣部分（縫分）塗膠
於內側、盒蓋的背面貼合。
5. 將盒蓋內側用布料貼上製圖紙，貼於盒蓋內
側。

完成尺寸　13×13×7cm（高）

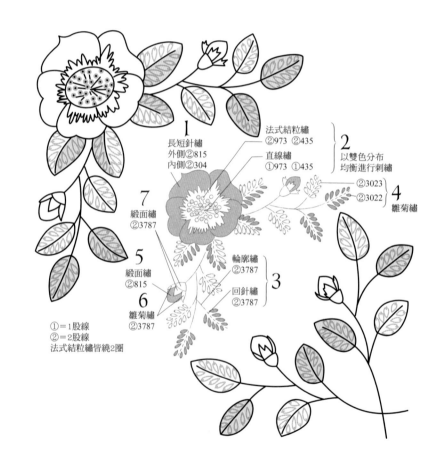

1
長短針繡
外側②815
內側②304

法式結粒繡
②973　②435

直線繡
①973　①435

2
以雙色分布
均衡進行刺繡

②3023
②3022

4
雛菊繡

7
緞面繡
②3787

5
緞面繡
②815

輪廓繡
②3787

回針繡
②3787

3

6
雛菊繡
②3787

①＝1股線
②＝2股線
法式結粒繡皆繞2圈

準備材料
◆厚紙板

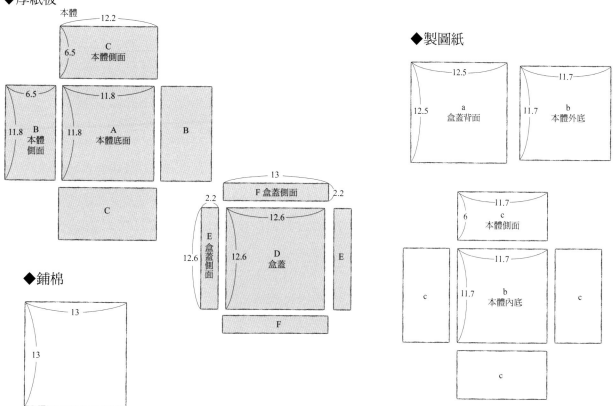

本體
C
本體側面
12.2
6.5

6.5
B
本體
側面
11.8

11.8
A
本體底面

B

C

F 盒蓋側面
13
2.2
2.2

E
盒蓋
側面
12.6
12.6
D
盒蓋
12.6
E

F

◆鋪棉

13
13

◆製圖紙

12.5
12.5
a
盒蓋背面

11.7
11.7
b
本體外底

11.7
6
c
本體側面

c
11.7
11.7
b
本體內底
c

c

◆布材

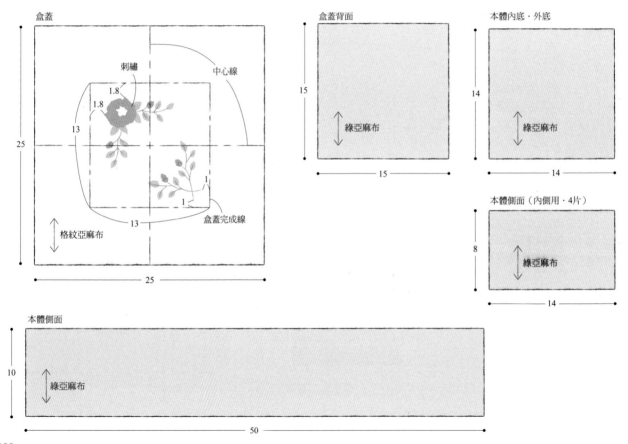

盒蓋

刺繡

中心線

1.8

1.8

13

25

13

格紋亞麻布

盒蓋完成線

1

1

25

盒蓋背面

15

綠亞麻布

15

本體內底・外底

14

綠亞麻布

14

本體側面（內側用・4片）

8

綠亞麻布

14

本體側面

10

綠亞麻布

50

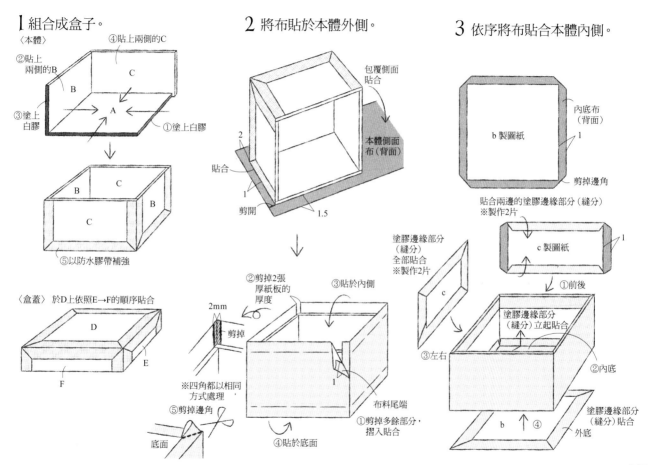

1 組合成盒子。

〈本體〉

④貼上兩側的C

②貼上
兩側的B

③塗上
白膠

B

C

A

①塗上白膠

⑤以防水膠帶補強

B

C

B

C

〈盒蓋〉 於D上依照E→F的順序貼合

D

E

F

2 將布貼於本體外側。

包覆側面
貼合

本體側面
布（背面）

2

貼合

1

1.5

剪開

②剪掉2張
厚紙板的
厚度

③貼於內側

2mm

剪掉

※四角都以相同
方式處理

⑤剪掉邊角

底面

1

布料尾端

①剪掉多餘部分，
摺入貼合

④貼於底面

3 依序將布貼合本體內側。

內底布
（背面）

b 製圖紙

1

剪掉邊角

貼合兩邊的塗膠邊緣部分（縫分）
※製作2片

c 製圖紙

1

塗膠邊緣部分
（縫分）
全部貼合
※製作2片

c

③左右

①前後

塗膠邊緣部分
（縫分）立起貼合

②內底

塗膠邊緣部分
（縫分）貼合

b

④

外底

4 將刺繡布貼於盒蓋上。

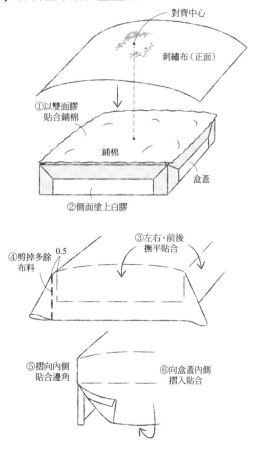

對齊中心

刺繡布（正面）

①以雙面膠
貼合鋪棉

鋪棉

盒蓋

②側面塗上白膠

③左右、前後
撫平貼合

④剪掉多餘
布料　0.5

⑤摺向內側
貼合邊角

⑥向盒蓋內側
摺入貼合

5 貼上盒蓋內裡。

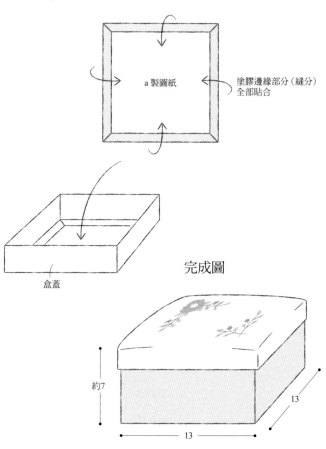

a 製圖紙

塗膠邊緣部分（縫分）
全部貼合

盒蓋

完成圖

約7

13

13

p.14
sachet

香囊

p.32
lesson 7

唐草紋樣

刺繡方法・唐草紋樣的色號請參照 p.33

材料

白色亞麻布25×30cm
寬0.9cm的緞帶適量
香氛袋（乾燥花、香草等）

作法

1. 在本體的亞麻布上進行刺繡。本體兩片正
　面相對疊合，縫合側邊與底部。
2. 翻回正面，將袋口摺三摺後進行藏針縫。
3. 脇邊製作飾耳，穿過緞帶。

完成尺寸

15×11.5㎝

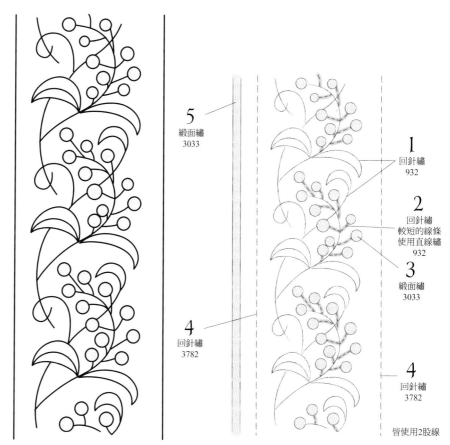

5
緞面繡
3033

4
回針繡
3782

1
回針繡
932

2
回針繡
較短的線條
使用直線繡
932

3
緞面繡
3033

4
回針繡
3782

皆使用2股線

本體（2片）

進行刺繡並且縫合側邊與底部。

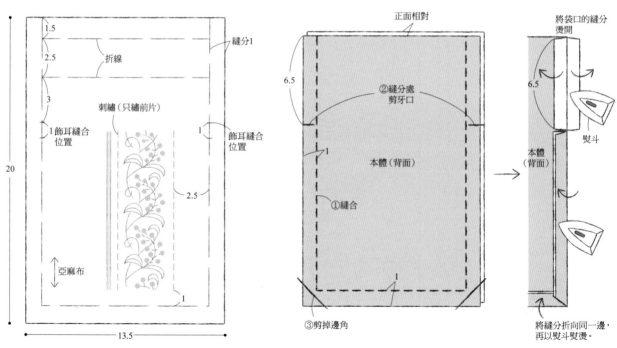

本體（2片）

1.5
縫分1
2.5
折線
3
刺繡（只繡前片）
1 飾耳縫合位置
1 飾耳縫合位置
2.5
20
亞麻布
1
13.5

正面相對
6.5
②縫分處剪牙口
1
本體（背面）
①縫合
1
③剪掉邊角

將袋口的縫分燙開
6.5
熨斗
本體（背面）
將縫分折向同一邊，再以熨斗熨燙。

2 袋口摺三摺。

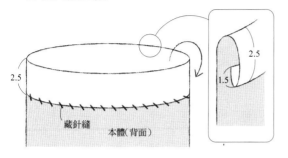

2.5

2.5

1.5

藏針縫　本體(背面)

3 製作飾耳,穿過緞帶。

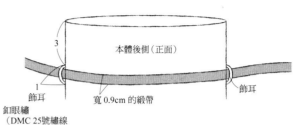

3

本體後側(正面)

1

飾耳

寬 0.9cm 的緞帶

飾耳

釦眼繡
(DMC 25號繡線
BLANC · 2股)

完成圖

15

11.5

以釦眼繡製作飾耳

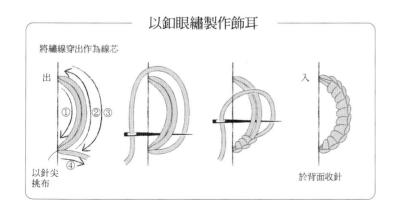

將繡線穿出作為線芯

出

① ② ③

④

以針尖
挑布

入

於背面收針

刺繡教室：20堂基本&進階技法練習課

作　　　者／西須久子
譯　　　者／駱美湘
發　行　人／詹慶和
總　編　輯／蔡麗玲
執　行　編　輯／陳昕儀
編　　　輯／蔡毓玲・劉蕙寧・黃璟安・陳姿伶・李宛真
美　術　編　輯／陳麗娜・韓欣恬・周盈汝
設　計　排　版／鯨魚工作室
出　版　者／雅書堂文化事業有限公司
發　行　者／雅書堂文化事業有限公司
郵政劃撥帳號／18225950
戶　　　名／雅書堂文化事業有限公司
地　　　址／220新北市板橋區板新路206號3樓
電　子　信　箱／elegant.books@msa.hinet.net
電　　　話／(02)8952-4078
傳　　　真／(02)8952-4084

2019年4月初版一刷　定價320元

SHISHU KYOSHITSU(NV70463)
Copyright ©Hisako Nishisu/NIHON VOGUE Corp.
Original Japanese edition published in Japan by NIHON VOGUE Corp.
Traditional Chinese translation rights arranged with NIHON VOGUE Corp.
through Keio Cultural Enterprise Co., Ltd.
Traditional Chinese edition copyright ©2019 by Elegant Books Cultural Enterprise Co., Ltd.

經銷／易可數位行銷股份有限公司
地址／新北市新店區寶橋路235巷6弄3號5樓
電話/(02)8911-0825
傳真/(02)8911-0801

國家圖書館出版品預行編目資料

刺繡教室：20堂基本＆進階技法練習課 / 西須久子著；駱美湘翻譯. -- 初版. -- 新北市：雅書堂文化, 2019.04
　面；　公分. -- (愛刺繡 ; 18)
譯自：上手に刺せる、コツがわかる 刺繡教室
ISBN 978-986-302-473-6(平裝)

1. 刺繡 2. 手工藝

426.2　　　　　　　　　　　　108000364

製作協力（p.12禮盒）
井上ひとみ

材料協力
ディー・エム・シー株式会社
〒101-0035　東京都千代田区神田紺屋町13番地 山東ビル7F
Tel.03-5296-7831（代） www.dmc.com

攝影協力
アワビーズ http://www.awabees.com/
COVIN https://covin-vintage.jimdo.com

STAFF

書籍設計／天野美保子
攝　　影／白井由香里
造　　型／前田かおり
作　　法／鈴木さかえ
製　　圖／小池百合穗
編　　輯／西津美緒

Twinflower

Twinflower

twinflower

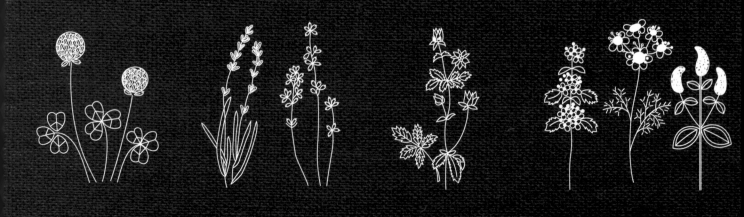